27485

CONSIDÉRATIONS

SUR L'EXTENSION

DE LA CULTURE DES MURIERS.

CONSIDÉRATIONS

SUR L'EXTENSION

DE LA CULTURE DES MURIERS,

LUES DANS LA SÉANCE PUBLIQUE

DE LA SOCIÉTÉ ROYALE D'AGRICULTURE,

HISTOIRE NATURELLE

ET ARTS UTILES DE LYON,

LE 3 SEPTEMBRE 18⁷

Par M. Adrien de Gasparin,

PRÉFET DU DÉPARTEMENT DU RHÔNE ET PRÉSIDENT D'HONNEUR
DE LA SOCIÉTÉ.

✳

Imprimé par ordre de la Société.

———

LYON,

IMPRIMERIE DE J. M. BARRET, PLACE DES TERREAUX.

1833.

CONSIDÉRATIONS

SUR L'EXTENSION

DE LA CULTURE DES MURIERS,

Par M. Adrien de Gasparin,

PRÉFET DU DÉPARTEMENT DU RHÔNE ET PRÉSIDENT D'HONNEUR
DE LA SOCIÉTÉ.

MESSIEURS,

Appelé depuis vingt-deux ans, par votre choix, à partager vos travaux, honoré plusieurs fois de vos suffrages et des récompenses que vous décernez à ceux qui cherchent à faire prospérer dans notre patrie l'agriculture et les arts, je cherchais dans ma retraite à me rendre digne de votre association, et je suivais, avec l'intérêt le plus vif, ces travaux utiles qui placent votre Société à un rang si distingué parmi les corps savans.

Je ne m'attendais pas alors que le choix du roi viendrait m'enlever à mes études et me placer à un poste où l'un des plus doux dédommagemens de mes fatigues est l'honneur de présider les réunions de cette famille de savans agriculteurs, à laquelle je tenais déjà par tant de liens.

Surpris au milieu des travaux les plus multipliés par votre invitation de venir présider votre séance publique, je crains de me montrer indigne de votre ancienne adoption et de mes nouvelles fonctions. Plus de loisir m'aurait été nécessaire pour combiner quelques idées, et vous prouver toute l'importance que j'attache à l'honneur de m'asseoir parmi vous. Mais ils sont bien loin de moi ces jours d'étude et de méditation, où je pouvais oublier, pour des recherches scientifiques, le monde qui m'entourait.

Les graves circonstances dans lesquelles j'ai été appelé à la préfecture du Rhône, la fermentation des intérêts et des systèmes qui cherchent un nouvel équilibre, après la secousse que la France a éprouvée ; les ambitions déçues, dont le nombre est si considérable dans un pays où chacun aspire aux services publics, et où cent écoles toujours remplies versent chaque année des flots d'aspirans, tous pourvus de la capacité pour les occuper ; tant de causes de perturbation qui fermentent encore au sein de notre patrie, et que le temps et la sagesse

du gouvernement pourront seuls parvenir à
calmer; enfin, notre position spéciale à l'issue de
ce fatal conflit qui a laissé des traces si déplo-
rables, tant de préventions injustes, tant de fausses
idées dans les esprits: tous ces motifs ont occupé
trop souvent les momens de l'administrateur pour
qu'il ait pu en consacrer beaucoup à penser à cette
industrie pacifique, à cette industrie qui, s'exerçant
à de nouvelles conquêtes, ne demande que le
repos et ne provoque jamais le désordre.

Mon embarras sera donc grand pour reprendre
aujourd'hui le cours de mes pensées agricoles, et
vous m'excuserez si je vous présente un essai si
plein d'imperfection, pour ne songer qu'au dé-
voûment avec lequel je l'ai entrepris au milieu de
travaux si multipliés.

Des tentatives nombreuses ont été faites pour
introduire dans ce département la culture du
mûrier, plusieurs administrateurs ont attaché leur
réputation à surmonter les obstacles que rencontrait
ce progrès important; votre Société a secondé leurs
efforts, des propriétaires recommandables ont
répondu à l'appel, et cependant qu'ai-je vu dans
mes tournées? de vieux mûriers provenant d'anciens
essais, dans un état complet de dégradation et
d'abandon; de jeunes plantations négligées, et
dont on n'essayait plus de tirer parti; en un
mot, tous les symptômes d'une expérience abandonnée ou prête à l'être.

Que cet état de choses ne vous étonne pas, Messieurs, ce qui se passe chez vous a lieu dans la plupart des pays où l'on avait voulu introduire l'importante industrie de la soie au-delà des limites où elle s'est renfermée jusqu'à présent et qu'elle n'a pas pu franchir depuis des siècles. Ce fait vaut la peine qu'on le soumette à un examen que je désirerais pouvoir approfondir davantage.

Et d'abord les limites actuelles de la culture du mûrier sont-elles des limites naturelles ? non, sans doute, et quelques mots vous suffiront pour le prouver. Le mûrier blanc prospère en Silésie, le mûrier noir qui, à la rigueur, peut servir à élever le vers à soie, se trouve naturalisé en Angleterre, et jusqu'à Upsal en Suède. Des éducations de vers ont été faites avec succès dans ces climats septentrionaux, et on y a recueilli une très-belle soie. Ainsi les faits prouvent invinciblement que la limite naturelle de cette industrie n'a pas été atteinte, et qu'aucun obstacle provenant de sa nature même ne s'oppose à son extension sur le continent européen. Là se bornent ordinairement les raisonnemens des agronomes qui ont voulu la propager au nord des pays où elle s'est cantonnée.

Mais une culture n'est pas fixée seulement par des limites météorologiques, elle peut l'être par des limites économiques ; ainsi l'olivier porte des fruits jusqu'à Lyon, mais n'est plus cultivé au-delà du Douzère, parce que ses produits ne balancent plus ses frais de culture, elle l'est encore par des limites statistiques. Ainsi le succès des cultures potagères dépend à la fois du voisinage d'une nombreuse population qui puisse les consommer, et de l'existence d'un grand nombre de bras pour se livrer à ses détails. Enfin une culture reconnaît aussi des limites agricoles: ce sont celles qui fixent invariablement l'ensemble des cultures dans lesquelles elle doit s'encadrer, la disposition des bras à certaine époque de l'année, la distribution des engrais, etc. Ces limites ont fait échouer la culture de la garance, dans un assez grand nombre de localités.

Avant d'examiner ce qui s'applique particulièrement à votre département, qu'il me soit permis de vous présenter quelques idées générales sur les obstacles que présentent à la culture du mûrier plusieurs des circonstances que je viens d'examiner. Cette question qui n'a jamais été traitée mériterait de plus grands développemens; mais obligé d'en resserrer la discussion, et de renoncer à parcourir toute la carrière qui s'ouvre devant moi, je ne puis renoncer, en présence des habiles agriculteurs qui m'écoutent, à esquisser au moins ce sujet important.

La possibilité d'introduire les vers à soie dans

*

un pays, tient d'abord, comme je viens de vous le dire, au nombre et à la répartition de la population agricole. Cette industrie exige pendant dix jours environ, c'est-à-dire vers la fin de la vie extérieure du ver, un grand déploiement de forces, et il faut bien s'assurer des conditions auxquelles on les obtiendra, à une époque de l'année où tous les travaux sont en activité.

Cette époque tombe, pour nos départemens méridionaux, du 20 au 30 mai. Alors tous les ouvrages de l'agriculture sont suspendus dans nos fermes, par la nécessité de coopérer à ceux de la magnénerie. Les fermiers, leurs femmes, leurs enfans, leurs valets, ramassent la feuille, la charrient, la distribuent aux vers; et le plus souvent ils prennent encore plusieurs ouvriers étrangers de renfort. Les petits propriétaires et un grand nombre de manouvriers s'occupent aussi de cette éducation. Enfin, pour vous parler de ce que je sais le mieux, dans le département de Vaucluse, la population agricole adulte est exclusivement occupée de vers à soie pendant cette période intéressante; on ne peut pas dire que ce soit toujours sans détriment pour les autres travaux agricoles qui sont alors fort pressés, et plus d'une coupe de sainfoin, plus d'un sarclage sont retardés mal à propos et au préjudice de la ferme. Mais heureusement cependant tous les 1.er et 2.me labours de la jachère sont finis à cette époque, et les foins des prés ne se rentrent guères, année commune, qu'à la fin de cette période de travail extraordinaire.

Ces embarras agricoles ont lieu dans un pays où souvent tout l'hiver est propre aux travaux rustiques, et où l'on a adopté l'assolement biennal dans lequel il y a toujours la moitié des terres qui se reposent. Mais combien ils deviendraient plus graves sous l'empire de l'assolement triennal, les terres à préparer pour les blés de mars, et les semis à faire en mars et avril, sur un tiers du terrain, les labours de jachère à commencer en mai et à continuer pendant tout le mois de juin, sur un autre tiers ; il est évident que les travaux ordinaires de culture souffriraient ici beaucoup plus d'une interruption forcée de dix jours, au moins, dans le moment le plus important et le plus profitable aux cultures.

Si la jachère était abolie et que le système des assolemens alternes eût pénétré dans le pays, alors certes l'embarras croîtrait encore. On sait combien, dans ce genre d'exploitation, la saison du printemps est chargée d'ouvrages ; combien les plantes sarclées et les prairies artificielles rendent chaque moment précieux.

Il est donc à peu près certain que, dans un système autre que le système d'assolement biennal du Midi, il faudrait se procurer, hors de la ferme, tous les ouvriers nécessaires à l'éducation des vers à soie. Voyons donc ceux qu'il faudrait trouver à cette époque pour ce genre de travaux.

Pendant le cinquième âge des vers à soie, au moment de leur grande faim que l'on nomme la frèze, la quantité de vers qui produisent 50 kil.º de cocons consomment 100 kil.º de feuilles par jour. La quantité que peut en cueillir un homme est très-variable, selon son adresse, son assiduité au travail, et l'état des arbres qu'il cueille. Mais, en terme moyen, nous pensons que cette quantité peut être portée à 300 kilogrammes. Ainsi le travail d'un ouvrier fournirait à peu près à la nourriture des vers produisant 150 kil.º de cocons ; mais les femmes et les jeunes filles n'arrivent pas à ce produit, et l'on peut calculer sur un ouvrier ou une ouvrière pour ramasser la feuille destinée à procurer 100 kil.º de cocons.

Les travaux de l'intérieur exigent, pendant ces jours de presse, une ouvrière pour 150 kil.º de cocons récoltés. Ainsi 150 k.º de cocons supposent, en totalité, 1 ouvrier $\frac{2}{3}$. C'est donc en divisant par 1 $\frac{2}{3}$ le nombre d'ouvriers disponibles dans un pays pendant le cinquième âge des vers à soie, que l'on trouvera le nombre de centaines de kil.º de cocons qu'il serait susceptible de produire, c'est-à-dire, les limites de cette production.

On voit donc que la question de la possibilité

d'arriver à une production considérable de soie est complexe, elle tient à plusieurs données ; nombre total de la classe agricole adulte, climat qui prolonge plus ou moins le temps réservé aux cultures ordinaires, et permet d'en détourner une partie pour une occupation qui leur est étrangère, assolement du pays qui rend les cultures du pays plus ou moins pressantes.

La répartition de la population et son état d'aisance amènent encore d'autres conditions.

Dans les pays où l'éducation des vers à soie est florissante, on remarque un grand morcellement de la propriété, ou au moins de très-petites fermes, soit dans le haut Milanais, dans le Piémont, dans la Provence, dans le Languedoc et dans le Dauphiné. Il en est de même à la Chine et dans l'Inde. Ainsi chaque tenancier possède sa provision de feuille de mûrier, elle fait corps avec le domaine. Il n'a pas besoin d'avances annuelles pour en avoir la jouissance, elle se trouve sur les lieux et sans frais de transport. Enfin les éducations sont peu considérables, ce qui est une des plus sûres garanties du succès.

Supposons, au contraire, un pays à grandes propriétés ou à grandes fermes et pourvu de la même quantités de mûriers ; il faudra ou avoir d'immenses bâtimens, et entreprendre de grandes éducations toujours plus chanceuses que les petites, et employer

à leur direction et à leur exploitation des merce-
naires , ce qui, dans ce genre de travail , est aussi
toujours moins sûr ; ou louer annuellement la
feuille des arbres à des manouvriers habitant hors
de l'enceinte du domaine : et alors il faut supposer
à ceux-ci les avances nécessaires pour se passer
de travail pendant la durée de l'éducation, et pour
répondre du prix de leur location. Ces manouvriers
entreprendront avec d'autant plus de peine cette
besogne, qu'il y aura des transports éloignés à
faire, et qu'ils ne possèdent pas d'attelages ; que,
n'ayant pas de terreins à eux appartenant, ils
perdront beaucoup de temps lors des premières
époques de l'éducation, quand les vers à soie réclament bien une partie de leur travail, mais n'en
réclament qu'une partie. S'ils sont dans des pays à
petites propriétés, ils peuvent compléter leur journée sur leur propre terrein qui est à portée ;
ce qui est impossible dans les pays à grandes propriétés, où les simples ouvriers n'ont point de
terres à exploiter pour leur compte, et où aucun
fermier ne les louerait pour une fraction de journée
seulement.

Je pense donc que l'étendue des propriétés est
une des causes qui resserre le plus la limite où
l'éducation des vers à soie est possible, et qu'elle
sera long-temps invinciblement tracée par les
assolemens triennaux, par ceux à cultures alternes

dans les pays du Nord, et enfin par les grandes propriétés.

La plantation des mûriers étant une amélioration permanente, est presque toujours à la charge du propriétaire, et ce n'est que dans les pays où cette industrie est naturalisée depuis long-temps, que les fermiers ou métayers prennent une part quelconque dans l'entretien et l'accroissement des plantations. La position du propriétaire ne saurait donc être une chose indifférente quand il s'agira d'introduire ou d'accroître cette importante nouveauté dans un pays. On ne peut guères se le dissimuler, les améliorations agricoles nous arrivent par les deux extrémités de l'échelle, la grande et la petite propriété. La grande propriété pouvant disposer de vastes capitaux, pouvant faire des sacrifices sur ses revenus, a changé la face de l'Angleterre, et opère avec fruit dans quelques provinces de France, voisines de la capitale et des centres d'instruction et de richesse. La petite propriété, j'entends par ce nom celle qui est exploitée ou dirigée immédiatement par les propriétaires, par le moyen de leur travail et de celui de leur famille, essaie presque sans frais les innovations, recherche avec curiosité et adopte avec empressement les cultures qui offrent du travail à tous les âges, à tous les sexes, à toutes les saisons. C'est elle qui fait fleurir la Flandre, l'Alsace, l'Italie, et qui a procuré et accru la culture du safran, de la garance, du mûrier au Midi de la France.

Quant à ce que l'on appellerait peut-être improprement la moyenne propriété, parce que ce mot ne s'appliquerait pas ici à l'étendue des possessions, mais au genre de personnes qui en sont propriétaires, quant à cette propriété qui est entre les mains des bourgeois des villes et remise aux soins des métayers, on peut dire qu'elle est un obstacle invincible à toute amélioration notable, soit par le défaut de capitaux de cette classe d'hommes, soit par l'impossibilité où ils sont de sacrifier une portion de leurs revenus, à peine suffisans pour soutenir leurs dépenses annuelles, soit encore par le genre de tenure (le métayage) auquel ces biens sont soumis, et dans lequel il est si difficile d'établir la proportion d'intérêt que doivent prendre, à ces travaux d'amélioration permanente, le propriétaire et le tenancier.

En effet, s'il s'agit d'établir une plantation de mûriers dans un pays où il n'en existe pas encore, on persuadera difficilement au métayer d'y prendre une grande part, soit parce que les produits en sont incertains comme ceux de toute nouvelle culture, soit parce qu'il s'agit d'une amélioration permanente qui ne doit rapporter ses fruits que quelques années plus tard et peut-être quand son bail sera expiré ; soit enfin parce qu'il s'agit pour lui d'une nouvelle éducation, d'un apprentissage auquel il se livrera difficilement sans y être excité par une grande espérance. D'un autre côté, le propriétaire qui ne doit recueillir que la moitié des intérêts du capital qu'il va dépenser, pourra être arrêté, soit par l'insuffisance présumée de ce produit, soit par une vague jalousie du bénéfice qu'il procurera gratuitement à son métayer, soit enfin par la grandeur de la dépense.

On objectera ici, avec une apparence de raison, que les pays couverts de mûriers dans le Midi de la France et en Italie, sont justement des pays à métayages. Mais on ne sait pas peut-être avec quelle lenteur ils s'y sont propagés, quel peu d'importance ont eu pendant long-temps les plantations ; qu'il a fallu passer par tous les degrés d'un apprentissage de plusieurs siècles avant d'en venir à accorder les intérêts réciproques du maître et du métayer, et que ce n'est pas ainsi que l'on paraît vouloir procéder aujourd'hui ; que loin de s'abandonner à la force des choses qui créait la culture du mûrier dans le Midi, pour ainsi dire à l'insu des agriculteurs, et changeait insensiblement un simple amusement, d'abord en une industrie restreinte à un petit nombre de familles, puis en véritable culture locale par les effets de l'imitation et par le spectacle des succès : on voudrait, au contraire, aujourd'hui arriver de plein saut et tout d'un coup à ce degré de réussite que de petites dépenses successives et accumulées ont procuré aux contrées du Midi. Ici la face des choses change tout à fait, c'est un capital considérable à dépenser tout d'un coup, c'est une éducation d'agriculture et d'exercices industriels à entreprendre, la persuasion ne peut être long-temps préparée, il faut qu'elle soit suppléée par la dépense, par les avances, par l'action directe du propriétaire, et voilà comme j'entends qu'il est difficile de parvenir à une réussite improvisée dans les pays de métairies et de propriétés bourgeoises. Cette difficulté s'y est représentée pour tous les genres d'amélioration que l'on a voulu y introduire.

Pour prouver cette difficulté, je ne citerai qu'un fait très-remarquable. Il existait autrefois assez de mûriers aux environs de Montauban. Une grande partie des plus beaux de ces arbres furent abattus pendant la révolution, à une époque où la vente des soies était difficile, et où le commerce était anéanti. Il en resta cependant encore assez pour donner lieu à quelques petits produits; eh bien, dans un pays où la tradition de cette culture, celle de l'éducation des vers s'est conservée, mais où les propriétés sont possédées par des bourgeois vivant de leurs petites rentes territoriales, le mal ne se répare pas, ce n'est qu'avec lenteur que l'on croit s'apercevoir d'une petite augmentation dans les produits. Les propriétaires, m'écrit-on, ne peuvent faire des sacrifices dont ils ne retireraient les fruits que dans un avenir éloigné ; ils s'en tiennent à la culture du blé, à celle de la vigne, dont les rentrées sont plus immédiates. C'en est assez sans doute pour montrer comment le mode de tenure et l'esprit du propriétaire peut influer grandement sur la propagation de cette industrie, et que ceux-ci, s'ils veulent parvenir à améliorer, doivent le faire sur des terrains dont ils se réservent la culture et la direction, et avec les mises de fonds convenables.

Si nous appliquons ces données au département du Rhône, nous trouverons d'abord les environs du chef-lieu occupés par des maisons de campagne d'agrément qui excluent la culture du mûrier ; plus loin sont des jardins qui donnent un profit supérieur à toute autre culture. Cet arbre ne végéterait pas dans les terreins exposés aux inondations, sur le bord des rivières ; les vignobles arrêtent invariablement le mûrier sous deux rapports, parce que cet arbre ne sympathise pas avec la vigne, et ensuite parce que les travaux qu'ils nécessitent occupent trop exclusivement la population précisément dans le temps de l'éducation des vers à soie. Restera la masse des terres à blé de l'ouest du département, et c'est surtout ici que l'on pourrait introduire l'industrie des vers à soie ; mais ces terres sont toutes sous le régime des métayers , que nous avons représentés comme un obstacle à une prompte amélioration.

Cependant cette portion de votre territoire est le véritable théâtre que l'on devra choisir pour cette entreprise agricole , celui où les difficultés peuvent être vaincues avec du temps et des sacrifices pécuniaires. Mais , ne nous le dissimulons pas , il faudra ici le secours de l'exemple et celui d'une longue constance pour triompher de toutes les difficultés , et il ne suffira pas de quelques efforts sans suite, de quelques plantations abandonnées aux soins des fermiers, pour établir définitivement dans ce pays une industrie qui a été si souvent essayée et toujours abandonnée. De pareilles entreprises ne s'improvisent pas, et nous devons peut-être les non-succès si multipliés au zèle inconsidéré des improvisateurs.

Je crois qu'elle ne peut réussir si les propriétaires n'en soignent eux-mêmes les commencemens, s'ils abandonnent leurs arbres, après la plantation, à la négligence de leurs métayers qui ne peuvent en apprécier la valeur ; toutes les dépenses seront perdues et leurs espérances détruites. Je viens de parcourir le département , et je n'ai que trop vu de ces tentatives infructueuses qui font maudire l'autorité qui les a conseillées , mais qui n'a pas su accompagner cette première impulsion des avis qui pouvaient conduire à une réussite probable.

Non, ce n'est pas aux masses que je m'adresserais pour propager la culture des vers à soie dans le département du Rhône, ce ne serait pas des distributions gratuites de mûriers, des prix et des instructions écrites que je regarderais comme pouvant nous conduire à ce but; mais je chercherais sur la surface du département quelques riches propriétaires amis de la science, et désireux d'attacher leurs noms à une des plus grandes améliorations agricoles dont il fût susceptible. Je chercherais, non des enthousiastes, non des complaisans, mais des hommes de résolution, bien pénétrés de la grandeur de l'entreprise et du peu de fruits qu'ils pourraient en retirer pendant long-temps, et alors je leur dirais :

Allez d'abord visiter les Cévennes et tous nos pays à mûriers, instruisez-vous uniquement de ce qui regarde la plantation et la conduite des arbres ; plantez ensuite, mais avec tous les soins, tous les frais employés dans les pays où il est soigné. Faites venir chaque année, de la partie de ce pays la plus analogue au vôtre par les qualités du climat, un ouvrier pour tailler vos arbres. Car, dans la région même du mûrier, les diverses circonstances locales et météorologiques apportent de grandes diversités dans cette taille. Adjoignez-lui des ouvriers intelligens du pays, qui apprennent ces soins sous sa direction. Quand vos arbres seront en âge d'être cueillis, ne vous en rapportez pas à vous-même, ni aux instructions écrites pour diriger l'éducation des vers à soie ; vous ne les élèverez pas mieux avec Dandolo que vous ne ferez un bon dîner avec le *Cuisinier royal*. Faites venir encore un homme intelligent du pays classique de la magnénerie, du centre des Cévennes ; qu'il ait un intérêt dans la réussite, qu'il forme autour de vous, par son exemple, vos éducateurs futurs. Quand enfin ses méthodes commenceront à être bien connues, choisissez parmi les habitans de votre pays un de vos ouvriers les plus expérimentés, donnez-lui à conduire, à moitié produit, une partie de votre éducation, en concurrence avec l'ouvrier étranger qui, dans un autre local, dirigera l'autre partie. Excitez l'émulation, peu à peu les méthodes se propageront, l'espoir du gain pénétrera parmi vos voisins, vous pourrez vous passer d'étranger, chacun vous demandera une portion de votre feuille de mûrier pour participer au bénéfice de la culture. Dès-lors étendez encore vos plantations, la partie est gagnée, vous êtes imité de vos voisins, qui plantent comme vous, et quelques années d'assiduité, de patience, de déboursés, vous placent au rang des bienfaiteurs de votre patrie.

C'est à ces conditions seules que j'attache l'espoir du succès et de l'introduction du mûrier dans votre pays. C'est vous dire assez pourquoi, habitant d'un pays dont il est la richesse, et administrateur du vôtre, je n'ai pas marché sur les traces de mes prédécesseurs. Je connaissais trop la matière, je savais trop de quelles difficultés une telle entreprise était entourée pour ne pas éviter de suivre des sentiers battus si souvent en vain ; et d'un autre côté, je tenais trop peu au bruit d'une renommée obtenue seulement par des écrits, des circulaires, de prétendus efforts qui n'en sont pas, pour chercher à m'approprier, à si peu de frais, une gloire éphémère qui ne produirait aucun fruit pour le pays auquel je consacre tous mes instans, et à la véritable prospérité duquel il me serait si doux de contribuer.

Uni à vous, Messieurs, je sens que cette tâche sera plus facile. Je trouverai au milieu de vous les vrais encouragemens, les hommes faits pour m'entendre, les agronomes hardis qui ne craindront pas d'entrer, à ma voix, dans la carrière, et les bons citoyens que leur capacité a faits les véritables juges de mes intentions et des moyens que je crois les seuls capables de nous faire atteindre le but.

9 782011 924568